QUANGUO ZHIYE YUANXIAO

建筑力学与结构习题册

JIANZHULEI ZHUANYE JIAOCAI

杨慧◎主编

中国劳动社会保障出版社

图书在版编目（CIP）数据

建筑力学与结构习题册 / 杨慧主编 . -- 北京 : 中国劳动社会保障出版社，2024
全国职业院校建筑类专业教材
ISBN 978-7-5167-6537-1

Ⅰ. ①建…　Ⅱ. ①杨…　Ⅲ. ①建筑科学 - 力学 - 职业教育 - 习题集②建筑结构 - 职业教育 - 习题集　Ⅳ. ①TU3 - 44

中国国家版本馆 CIP 数据核字（2024）第 104795 号

中国劳动社会保障出版社出版发行
（北京市惠新东街 1 号　邮政编码：100029）
*
三河市华骏印务包装有限公司印刷装订　　新华书店经销

787 毫米 ×1092 毫米　16 开本　4.75 印张　100 千字
2024 年 6 月第 1 版　　2024 年 6 月第 1 次印刷
定价：10.00 元

营销中心电话：400-606-6496
出版社网址：http://www.class.com.cn
http://jg.class.com.cn

本习题册是全国职业院校建筑类专业教材《建筑力学与结构》的配套习题册。

本习题册根据职业院校建筑类专业学生的特点，按照教材章节编写，包括力和受力图，平面力系的平衡，构件的内力、强度和刚度计算，建筑结构，钢筋混凝土结构，砌体结构，钢结构，多层与高层房屋结构，结构抗震知识等内容，有填空题、单项选择题、简答题、作图题与计算题等多种题型，供学生课后练习使用。本习题册配有参考答案，可通过技工教育网（http://jg.class.com.cn）下载。

本习题册由杨慧任主编，黄启宝、张杨云帆、刘思娇、彭望、张进泉、李凯参与编写。

目录
CONTENTS

第一章 力和受力图

一、填空题

1. 力是物体之间的__________作用，这种作用使物体的__________发生变化，或使物体_________；力对物体的作用取决于_________、_________和___________三个要素。

2. 力不能脱离物体而独立存在，当某物受力时，一定有__________对它施加作用，它自身就是__________；在力的作用下，大小和形状均保持不变的物体叫作_____________，物体相对于地面处于静止或做匀速直线运动的状态叫作_________。

3. 当两个相互作用的物体，其接触面上的摩擦力小到可以忽略不计时，此接触面称为__________约束，其特点是约束反力___________，方向_______。

4. 在空间可以自由运动的物体是___________，在空间运动受到限制的物体是_________；引起物体运动受限的相关物体叫作_________，阻碍物体运动的作用称为_________或_________。

5. 链杆是指不计自重、两端用_________与物体相连的_______杆，它对物体的约束力必定沿着_________，但指向_____________。

6. 二力构件的受力特点是：两个力大小______，方向______，作用线沿_______。

7. 可动铰支座只能限制物体沿______方向的移动，而不能限制物体绕圆柱销钉的转动和沿______方向的移动。

8. 若刚体受同一平面内互不平行的三个力作用而平衡，则这三个力的作用线必______。

9. 二力平衡公理中的两力一定是大小__________，方向_________，且作用在_________。

10. 柔体约束的约束反力作用线沿_________本身，方向_______________。

二、单项选择题

1. 力的大小表示力对物体作用的强弱，其国际单位是（　　）。

A. 千克（kg）　　B. 牛顿（N）

C. 升（L）　　D. 吨（t）

2. 在作用于刚体上的任意一个力系中，（　　）不会改变刚体的状态。

A. 增加一组微小的作用力　　B. 增加一个与原作用合力相反的力

C．减少一组微小的作用力　　D．减少一对平衡的力

3．下列选项中，其约束反力作用线可以确定的是（　　）。

A．圆柱铰链　　B．链杆约束

C．固定端支座　　D．铰支座

4．把作用在同一物体上的一群力称为（　　）。

A．约束　　B．反力

C．被动力　　D．力系

5．物体受两个力作用而平衡，则两个力（　　）。

A．大小相等，方向相反

B．大小相等，作用线相同

C．大小相等，方向相反，作用线相同

D．方向相反，作用线相同

6．下列选项中，说法正确的是（　　）。

A．嵌入墙内的雨棚根部是固定铰支座

B．门上的合页是链杆约束

C．梯子靠在墙上属于可动铰支座

D．吊车上的钢丝绳属于柔体约束

7．下列选项中，其约束反力未知量个数为2个的是（　　）。

A．柔体约束　　B．光滑接触面约束

C．链杆约束　　D．光滑圆柱铰链约束

8．物体受三个大小均不为零的力 $\boldsymbol{F}_1$、$\boldsymbol{F}_2$、$\boldsymbol{F}_3$ 作用，其中 $\boldsymbol{F}_1$ 与 $\boldsymbol{F}_2$ 大小相等，方向相反，作用线相同，则物体的状态是（　　）。

A．平衡　　B．不平衡

C．可能平衡，也可能不平衡　　D．以上说法都不对

9．限制物体任何方向转动和移动的支座是（　　）支座。

A．固定铰　　B．可动铰

C．固定端　　D．光滑面

10．既能限制物体任何方向的移动，又能限制物体转动的支座是（　　）支座。

A．固定铰　　B．可动铰

C．固定端　　D．光滑面

三、简答题

1．什么是刚体？在哪些情况下可以把物体抽象成刚体？

2．简述二力平衡公理与作用力和反作用力公理之间的区别。

3．一辆救援车在公路上拖一辆抛锚车，两车受力大小相等，方向相反，且作用在同一条直线上，因此二力互相平衡。这种说法成立吗？为什么？

4．如图 1-1 所示的杆件，重力为 $\boldsymbol{G}$，当矮墙与地面均为光滑面时，杆件能保持平衡吗？为什么？

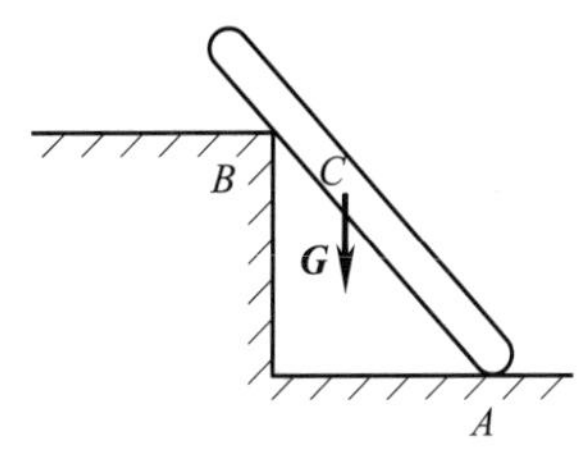

图 1-1

5．简述力的平行四边形公理。

四、作图题

1．试作出图 1–2 至图 1–5 中各球的受力图，假定接触面都是光滑的。

（1）

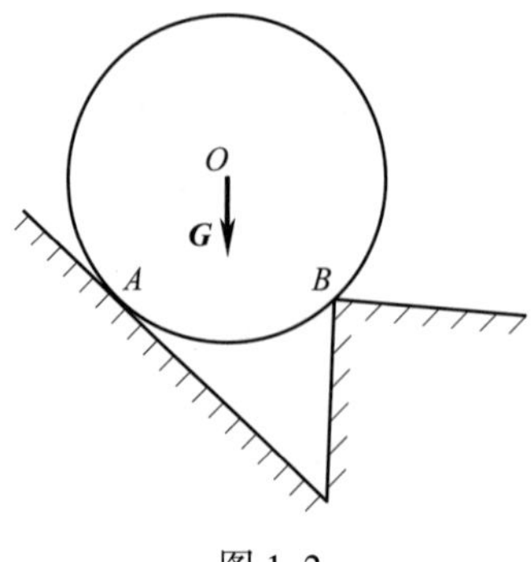

图 1–2

（2）

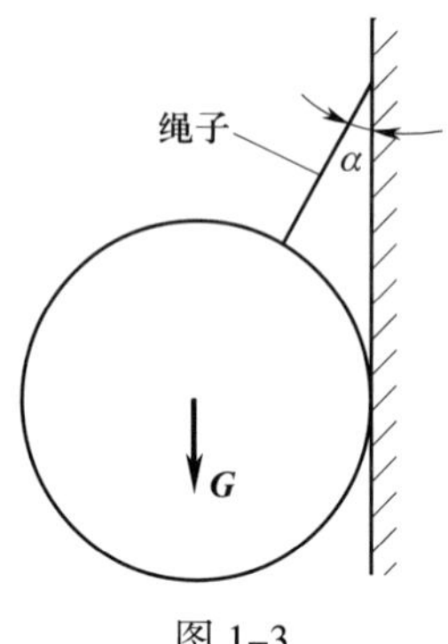

图 1–3

（3）

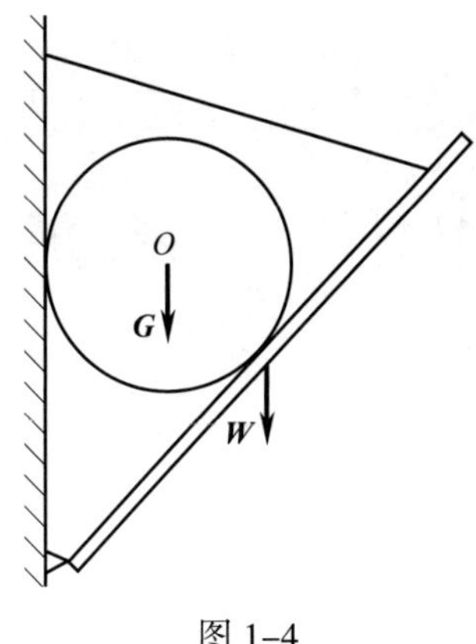

图 1–4

（4）

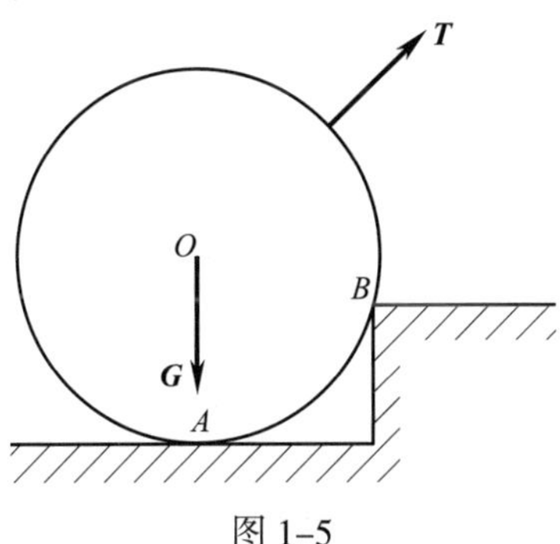

图 1–5

2．试作出图 1–6 至图 1–9 中各杆件的受力图，假定接触面都是光滑的。

（1）

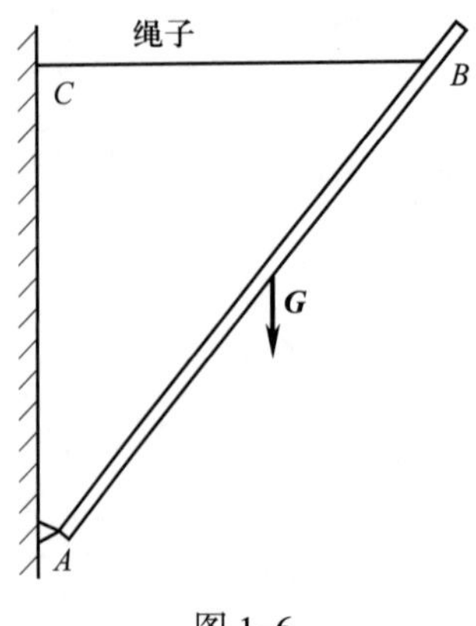

图 1–6

（2）

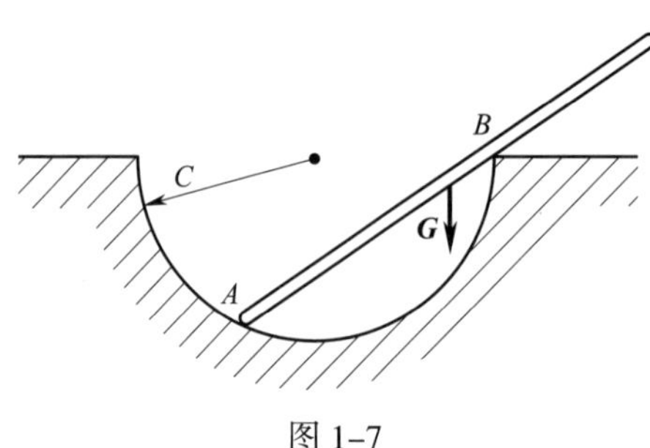

图 1–7

（3）

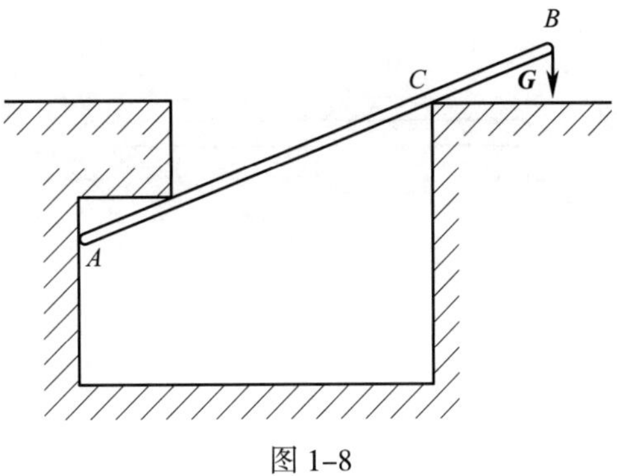

图 1–8

（4）

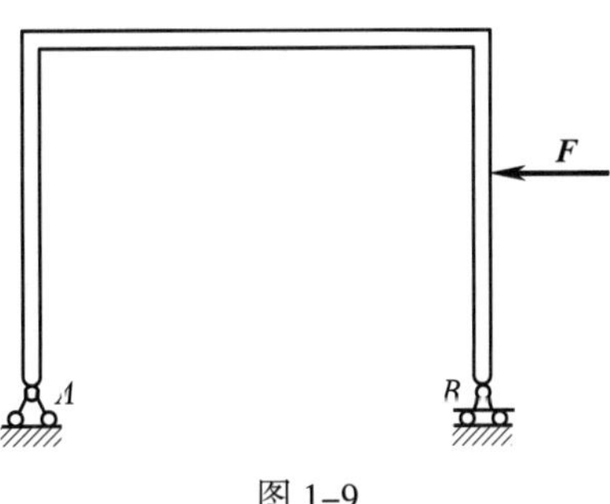

图 1–9

3．试作出图 1–10 至图 1–14 中各梁的受力图，假定接触面都是光滑的。

（1）

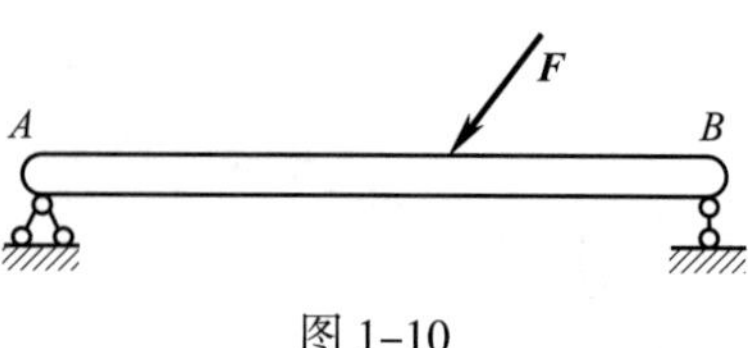

图 1–10

（2）

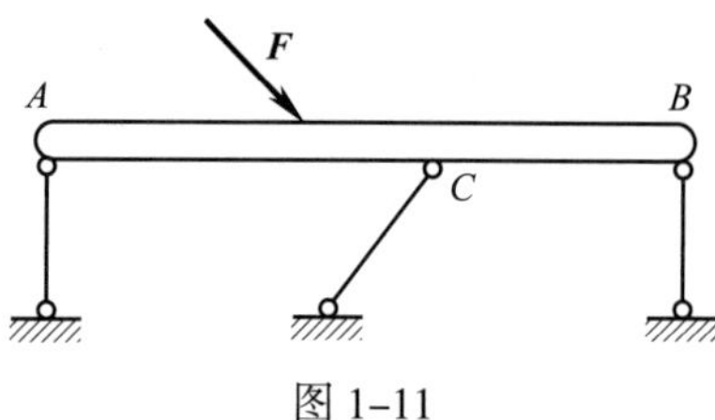

图 1–11

（3）

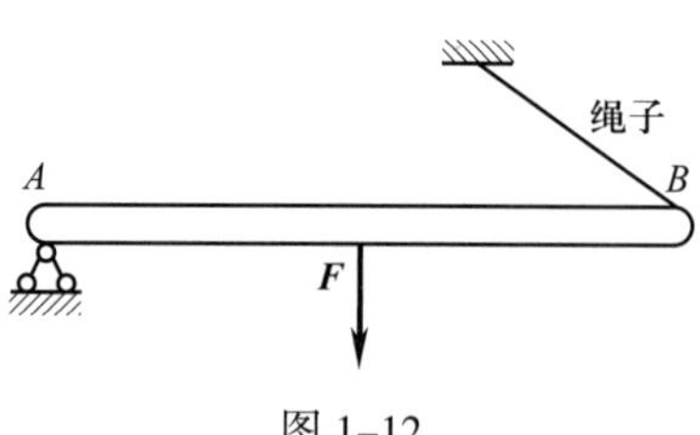

图 1–12

（4）

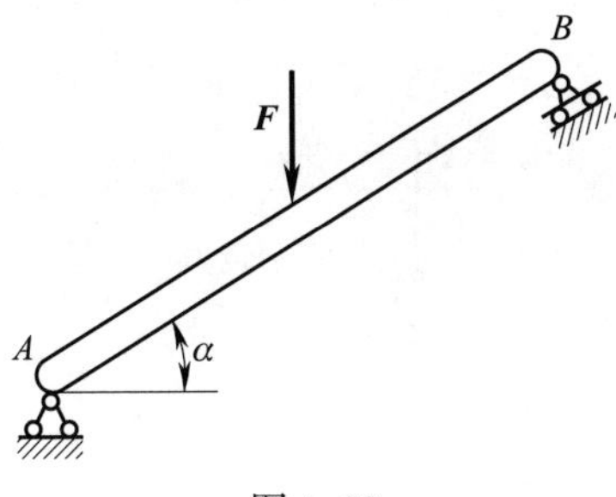

图 1–13

（5）

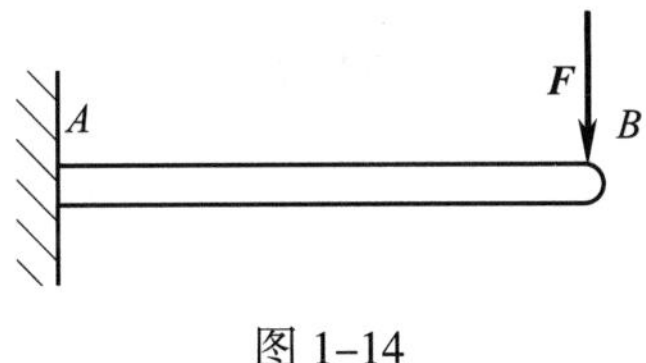

图 1–14

4．试作出下列结构中各部分和整体的受力图，结构自重不计。

（1）图 1–15 中杆 *AB*、*BC* 及整体的受力图。

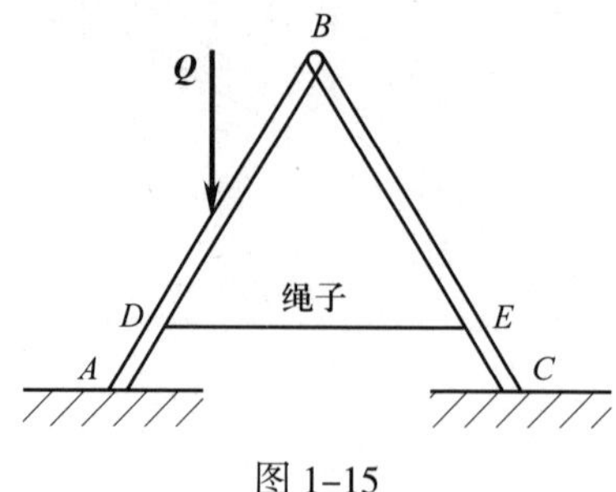

图 1–15

（2）图 1–16 中杆 *ACD*、*BC* 及整体的受力图。

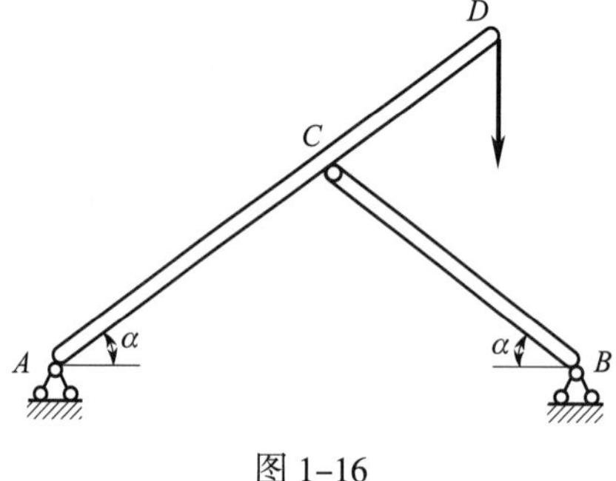

图 1–16

（3）图 1–17 中梁 *ADB*、*BC* 及整体的受力图。

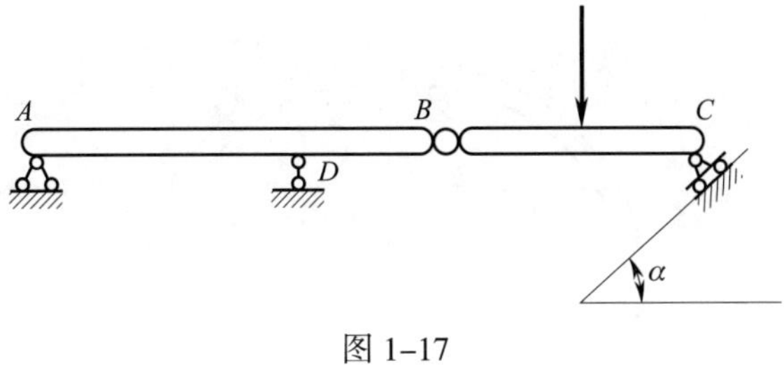

图 1–17

（4）图 1–18 中梁 *AB*、*BC* 及整体的受力图。

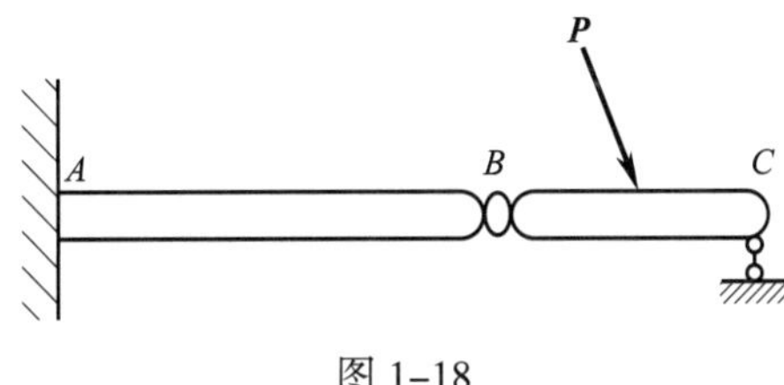

图 1–18

（5）图 1–19 中三铰拱各部分及整体的受力图。

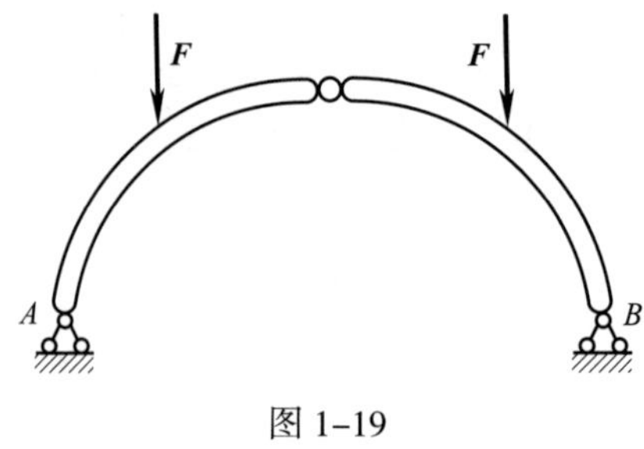

图 1–19

（6）图 1–20 中杆 *CD*、*AB* 及整体的受力图。

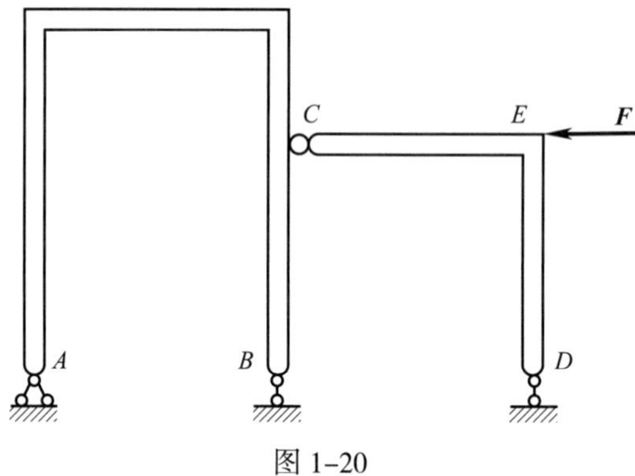

图 1–20

第二章 平面力系的平衡

一、填空题

1．力系中各力作用线处于同一平面时，该力系称为________________，当力系中各作用线均能汇交于一点时，则称为________________________。

2．力偶是由大小相等、___________、____________的两个平行力组成的力系。

3．力矩计算中，力的作用线至转动中心的垂直距离称为____________。

4．组成力偶的两个力之间的垂直距离称为______________，这一距离与力偶中力的乘积并加上正负号称为________________________。

5．力在与其平行的坐标轴上的投影为__________，力在与其垂直的坐标轴上的投影为________。

6．$\sum F_x=0$，表示力系中所有力在 x 轴上的投影的____________。

7．平面汇交力系的平衡方程是________________________________。

8．平面一般力系的平衡方程是______________________________________。

9．力偶在任一坐标轴上的投影为______________。

10．力偶对其作用面内任一点之矩都等于____________，与矩心位置__________。

二、单项选择题

1．平面汇交力系的平衡条件是各力在互相垂直的两个坐标轴上的投影代数和(　　)。

A．一个大于零，一个小于零

B．都等于零

C．都小于零

D．都大于零

2．在国际单位制中，力矩和力偶的单位是(　　)。

A．吨·米（t·m）　　B．牛顿（N）

C．千克（kg）　　D．牛顿·米（N·m）

3．力的作用线既不汇交于一点，又不相互平行的力系称为(　　)。

A．空间汇交力系　　B．空间一般力系

C．平面汇交力系　　D．平面一般力系

4．图 2–1 中力 F=2 kN，对 A 点之矩为(　　)kN·m。

A．2　　B．4　　C．–2　　D．–4

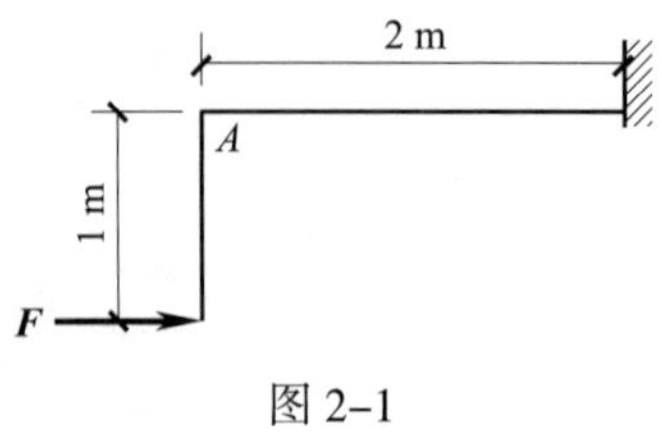

图 2-1

5．平面汇交力系有（　　）个平衡方程，可用来求解平面汇交力系的未知力。

A．1　　B．2　　C．3　　D．4

6．平面一般力系有（　　）个平衡方程，可用来求解平面一般力系的未知力。

A．1　　B．2　　C．3　　D．4

三、简答题

1．简述合力投影定理。

2．简述用平面汇交力系的平衡方程求解未知力的步骤。

3．取水平轴 x 的右方向为正，在下列各已知情况下力 $\boldsymbol{F}$ 的方向能否确定？若能确定，其方向应如何？

（1）已知力 $\boldsymbol{F}$ 在 x 轴上的投影 $F_x=0$。

（2）已知力 $\boldsymbol{F}$ 在 x 轴上的投影 $F_x=F$。

（3）已知力 $\boldsymbol{F}$ 在 x 轴上的投影 $F_x=-8$。

4．平面一般力系平衡的二矩式是什么？其限制条件是什么？

5．组成力偶的两力在同一轴上投影的代数和是否恒等于零？为什么？

6．图 2–2 中哪些力偶是等效力偶？

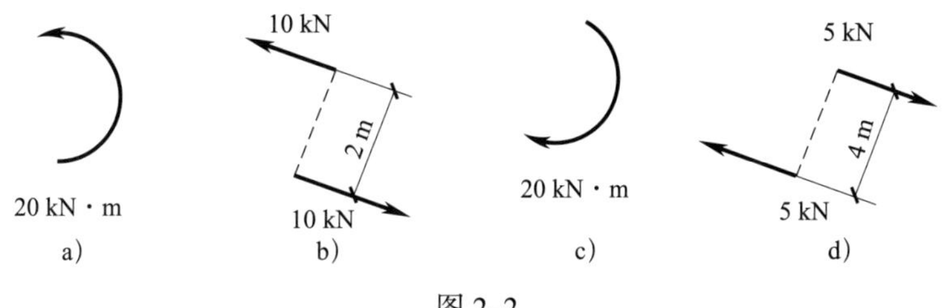

图 2–2

四、计算题

1．试求图 2–3 中各力在 x 轴和 y 轴上的投影。已知 $\boldsymbol{F}_1$=150 N，$\boldsymbol{F}_2$=120 N，$\boldsymbol{F}_3$=100 N，$\boldsymbol{F}_4$=50 N。

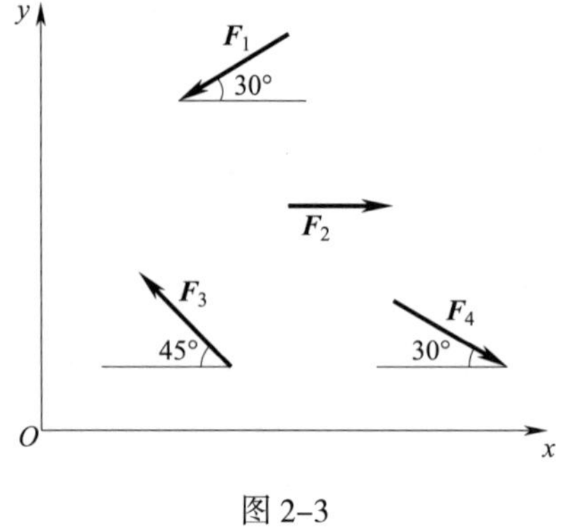

图 2–3

2. 试用解析法求如图 2–4 所示力系的合力。已知 $\boldsymbol{F}_1$=300 N，$\boldsymbol{F}_2$=600 N，$\boldsymbol{F}_3$=100 N，$\boldsymbol{F}_4$=400 N。

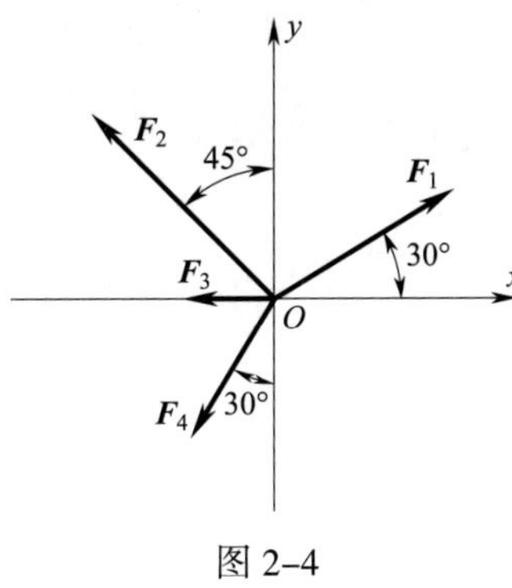

图 2–4

3．如图 2–5 所示，R 为 $\boldsymbol{F}_1$、$\boldsymbol{F}_2$、$\boldsymbol{F}_3$ 三个力的合力。已知 R=1 000 N，$\boldsymbol{F}_3$=1 000 N，试求 $\boldsymbol{F}_1$、$\boldsymbol{F}_2$ 的大小和方向。

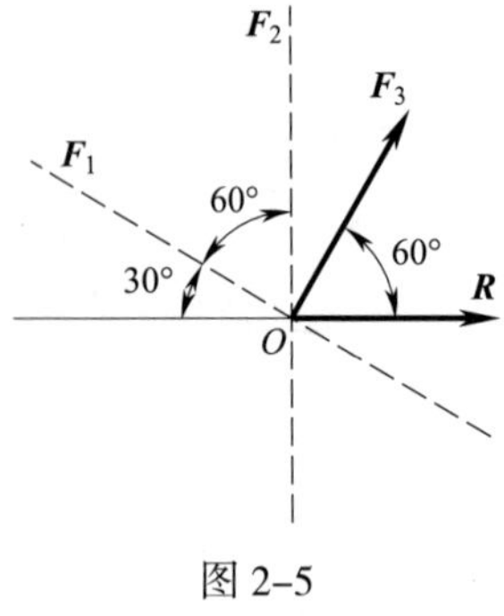

图 2–5

4．如图 2-6 所示，一圆球重 15 kN，用绳索将球挂于光滑墙体上，绳与墙体之间的夹角为 30°，试求墙体对球的约束反力及绳索对球的拉力。

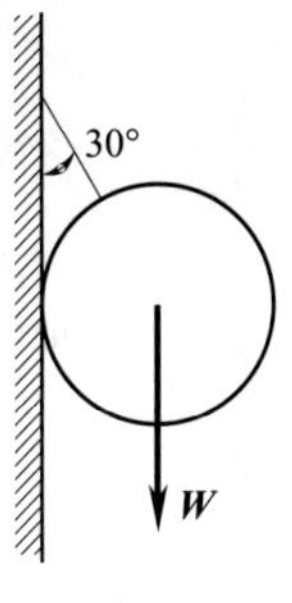

图 2-6

5．如图 2–7 所示，杆 AC 与杆 BC 在各节点处均为铰接，在 C 点作用一铅垂力 $\boldsymbol{P}$=15 kN，试求两杆所受的力。

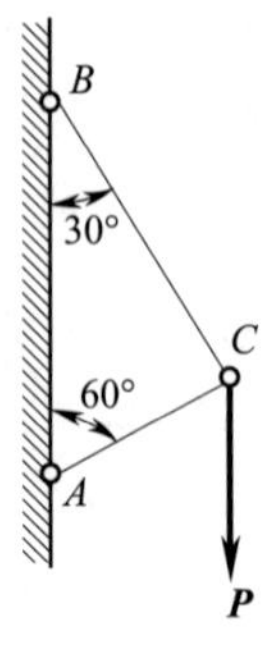

图 2–7

6．如图 2–8 所示，柱式起重机臂 *AB* 的 *A* 端铰接在柱上，*B* 端用钢丝绳 *BC* 拉住。已知 $\boldsymbol{P}$=10 kN，试计算钢丝绳和起重臂的受力大小（起重臂自重不计）。

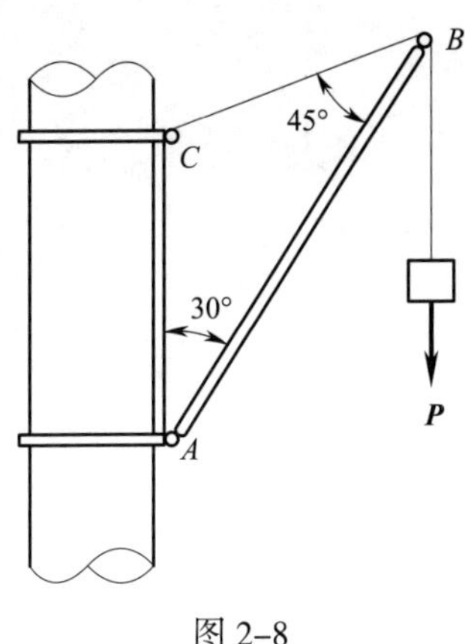

图 2–8

7．如图 2-9 所示，绳 BCD 跨过滑轮 C，且在其末端 D 作用一力 $\boldsymbol{Q}$=200 N，使重物 M 悬挂在图示位置平衡。在不计滑轮摩擦的情况下，试求重物 M 的重量及绳 AB 的拉力。

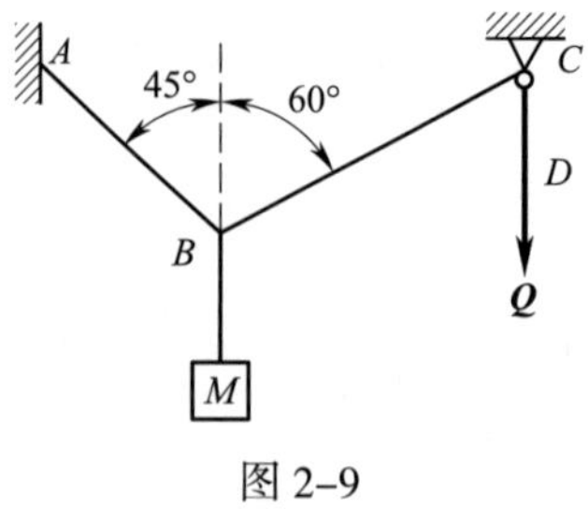

图 2-9

8. 如图 2–10 所示的增力机构，不考虑滑块 B 与支承面的摩擦，当 A 点作用铅垂力 $\boldsymbol{P}$ 时，机构与水平面的夹角为 α，试求此时水平助推力 $\boldsymbol{Q}$ 的大小。

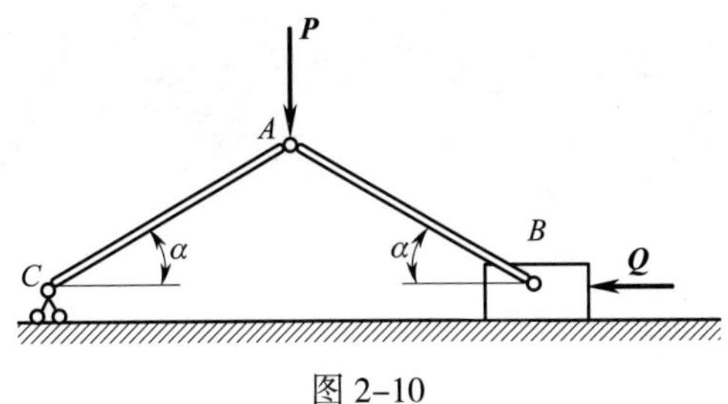

图 2–10

9．试求图 2-11 中力 ***P*** 对 *O* 点的力矩。

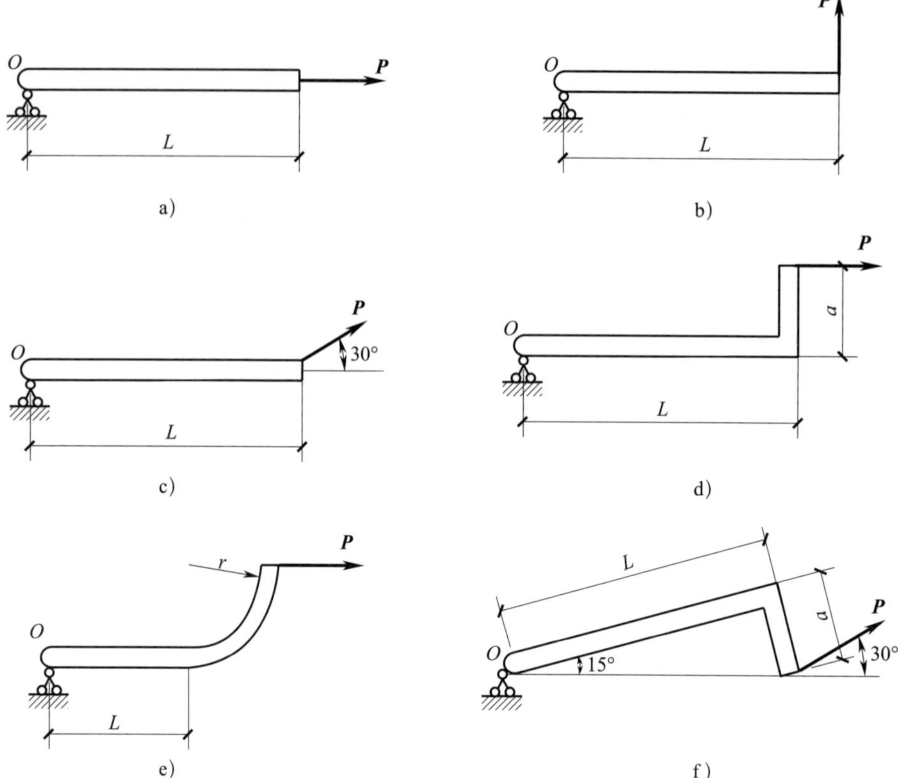

图 2-11

10．试求图 2–12 中各梁的支座反力。

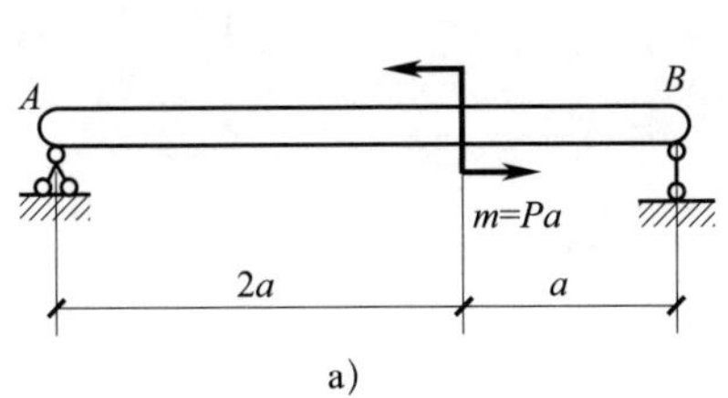

a）

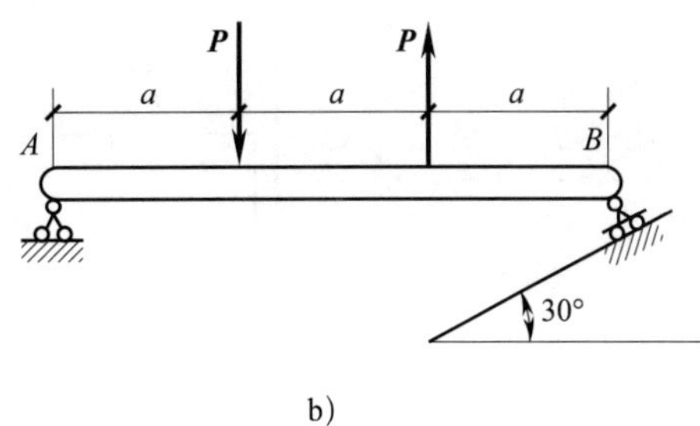

b）

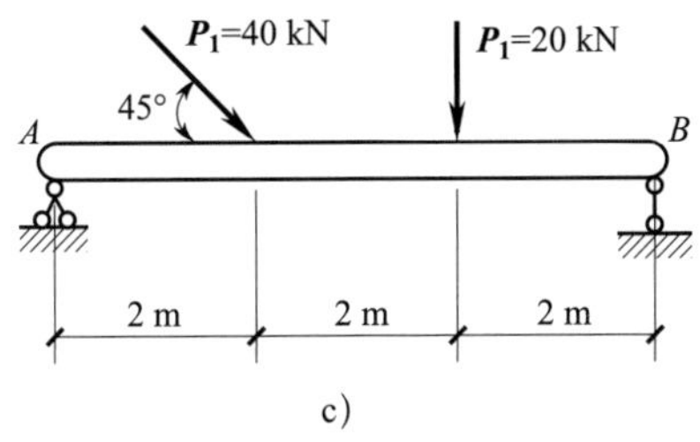

c）

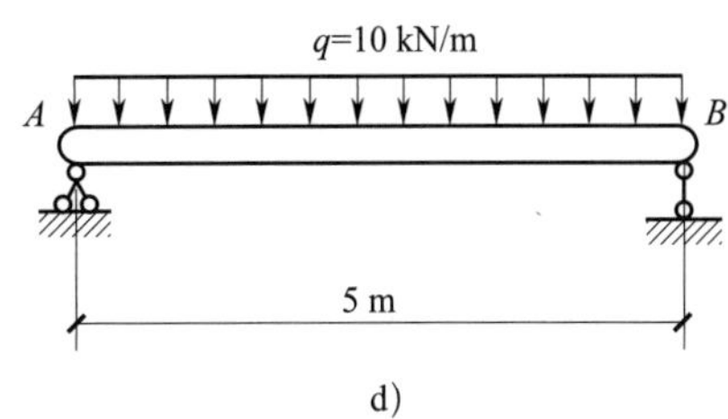

d）

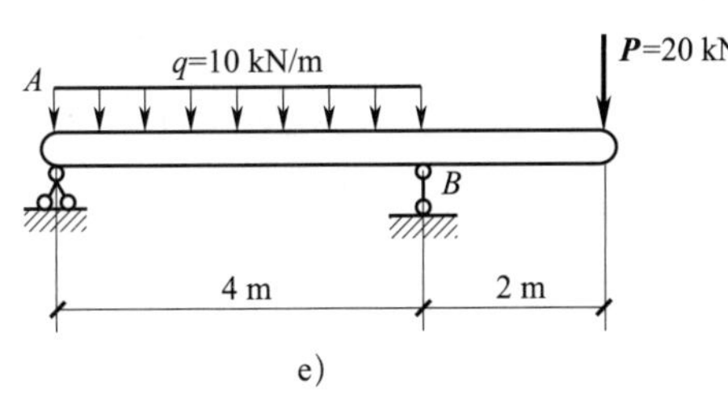

e）

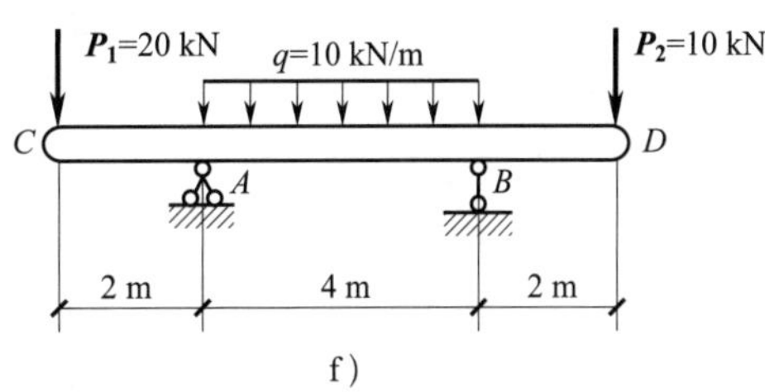

f）

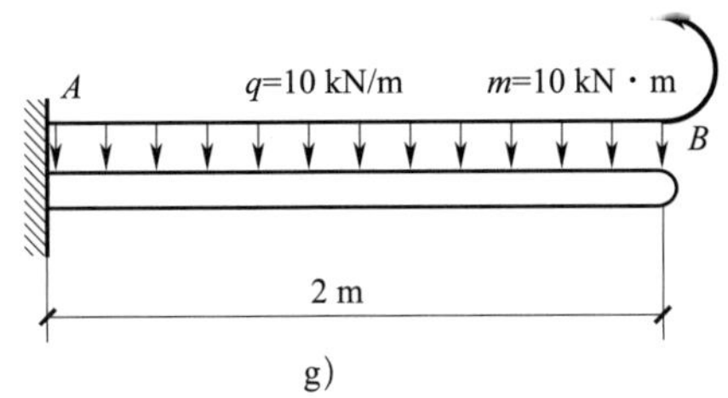

g）

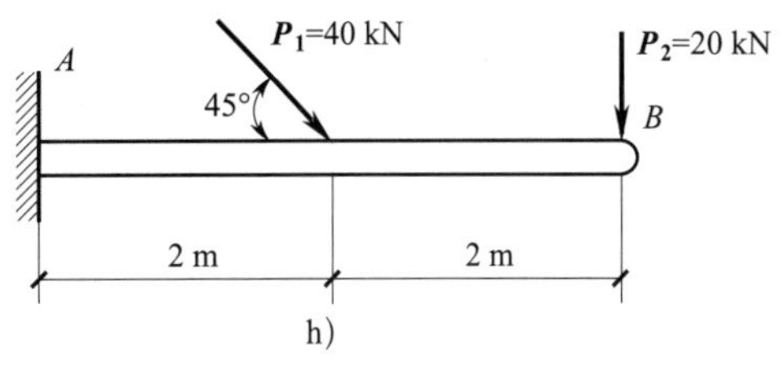

h）

图 2–12

11．试求图 2–13 中各静定刚架的支座反力。

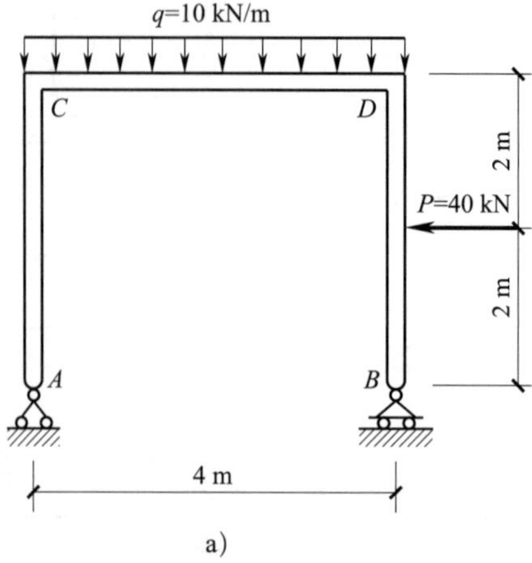

a)

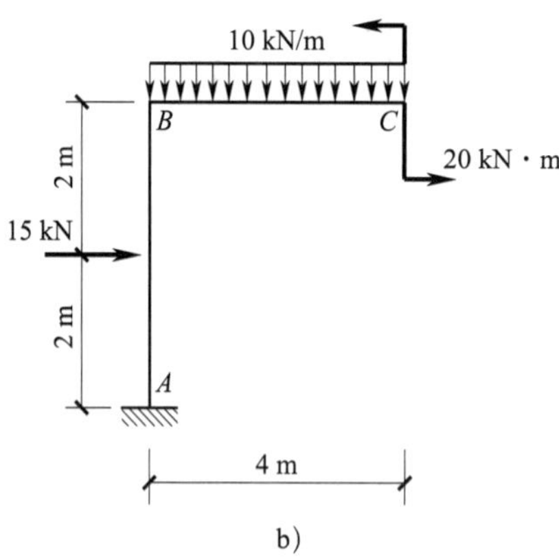

b)

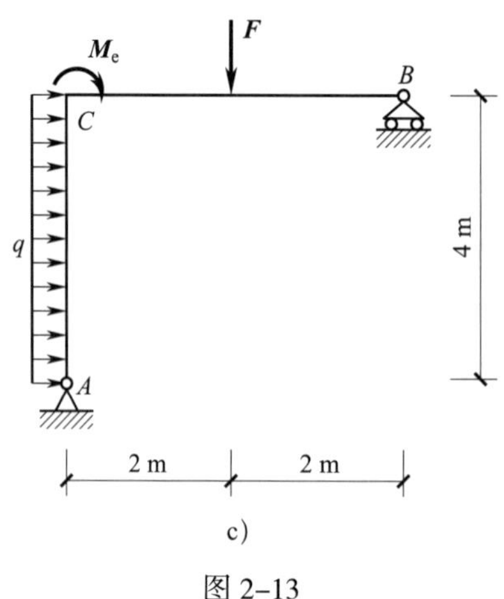

c)

图 2–13

12．试求图 2–14 中梁支座 A、C 的反力。

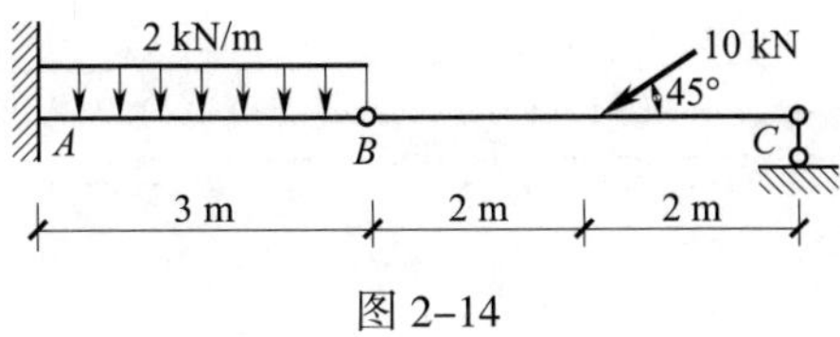

图 2–14

13．试求图 2–15 中梁支座 A、B、D 的支座反力。

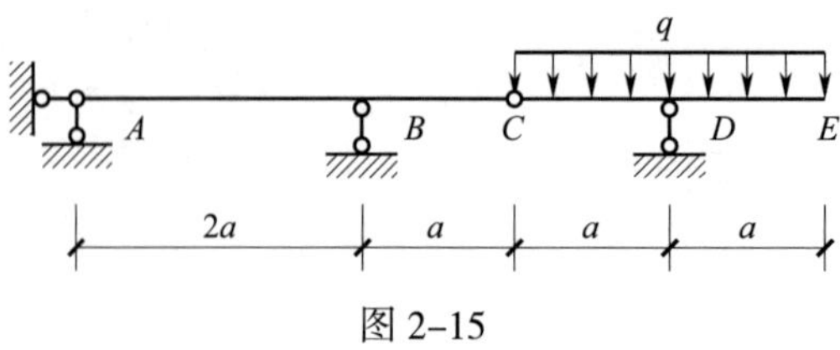

图 2–15

14．试求图 2–16 中刚架 A、B 的支座反力。

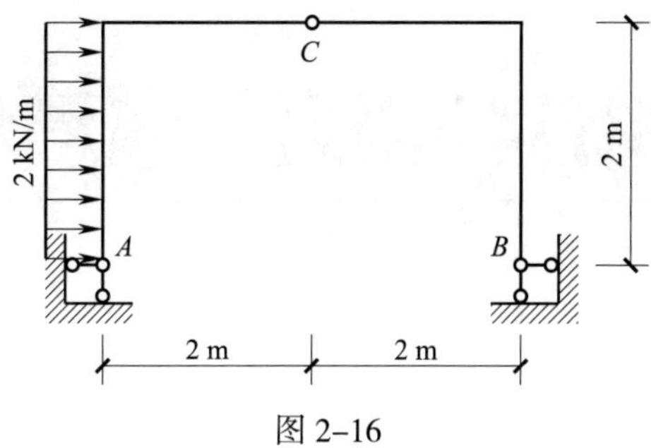

图 2–16

第三章 构件的内力、强度和刚度计算

一、填空题

1. 常见杆件的变形分为__________、__________、__________和__________四种基本形式。

2. 外力或合外力的作用线与杆件轴线重合的变形称为__________。

3. 工程中将以__________为主要变形的杆件称为梁。

4. 梁的横截面上一般将同时存在着__________和__________两种内力。

5. 压杆的稳定性与轴向压力大小有关：当压杆受到的轴向压力小于临界力时，压杆是________的；当压杆受到的轴向压力等于或大于临界力时，压杆是__________的。

6. 在画梁的内力图时，在__________作用处，剪力图要突变，弯矩图发生转折；在__________作用处，剪力图无变化，弯矩图要突变。

7. 在竖向荷载作用下，简支梁板产生______弯矩，因而其纵向受力钢筋必须配置在__________部位；而雨棚、阳台等悬挑结构产生______弯矩，其纵向受力钢筋必须配置在__________部位。

8. 利用强度条件可以解决实际工程中有关构件强度的三类问题，即__________、__________和__________。

9. 梁在均布向下荷载作用下的梁段，剪力图为__________，弯矩图为__________。

二、单项选择题

1. 轴向拉（压）杆的内力是（　　）。

A. 轴力

B. 剪力

C. 弯矩

D. 剪力和弯矩

2. 某塑性材料制成的简支梁，当截面面积一定时，最合理的截面是（　　）。

A. 圆形截面

B. 矩形截面

C. 倒 T 形截面

D. 工字形截面

3. 如图 3-1 所示杆件的矩形截面，其抗弯截面模量 W_z 为（　　）。

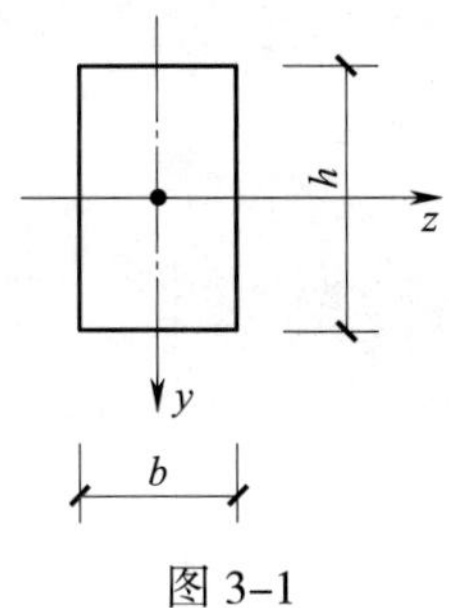

图 3–1

A. $bh^3/6$　　B. $bh^2/6$　　C. $bh^3/12$　　D. $bh^2/12$

4. 下列选项中，不适用于大跨度结构的是（　　）。

A. 桁架　　B. 刚架　　C. 简支梁　　D. 拱

5. 两个跨度、截面形状和尺寸相同的简支梁，承受相同的荷载作用，当所用的材料不同时，下列说法正确的是（　　）。

A. 内力相同，应力相同，强度相同　　B. 内力不同，应力不同，强度不同

C. 内力相同，应力相同，强度不同　　D. 内力相同，应力不同，强度相同

6. 在一定轴向压力作用下，细长压杆突然丧失其原来直线平衡状态的现象称为（　　）。

A. 失稳　　B. 强度破坏　　C. 刚度破坏　　D. 稳定性

7. 轴向拉（压）杆横截面上的应力沿（　　）分布。

A. 截面高度呈线性　　B. 截面高度呈抛物线

C. 截面均匀　　D. 截面呈三角形

三、简答题

1. 内力与应力有什么区别与联系？

2. 什么是压杆的稳定性？提高压杆稳定性的措施主要有哪些？

3．提高梁抗弯强度的措施主要有哪些？

4．什么是中性层？什么是中性轴？

5．什么情况下只需考虑压杆的强度条件？什么情况下需要考虑压杆的稳定性？

四、作图与计算题

1．试用截面法求如图 3-2 所示杆件 1—1、2—2 截面的轴力。

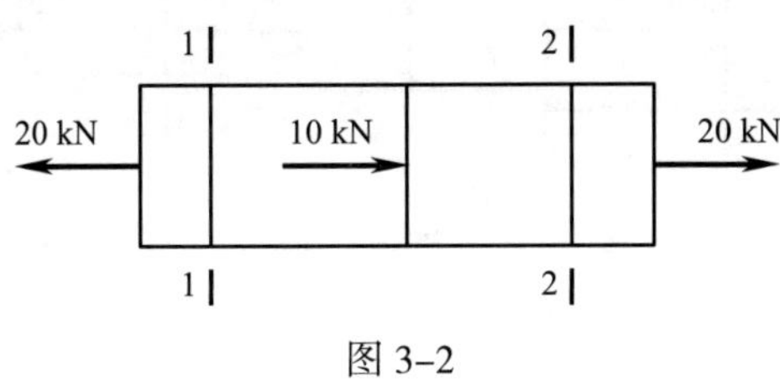

图 3-2

2．试用截面法求如图 3-3 所示杆件 1—1、2—2、3—3 截面的轴力。

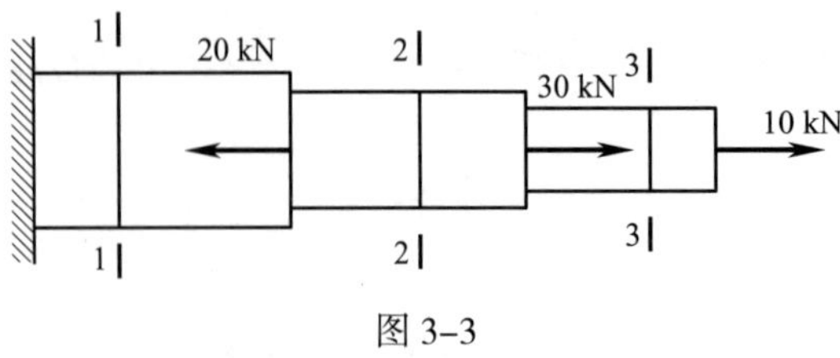

图 3-3

3．试求如图 3–4 所示杆件的轴力，并作出轴力图。

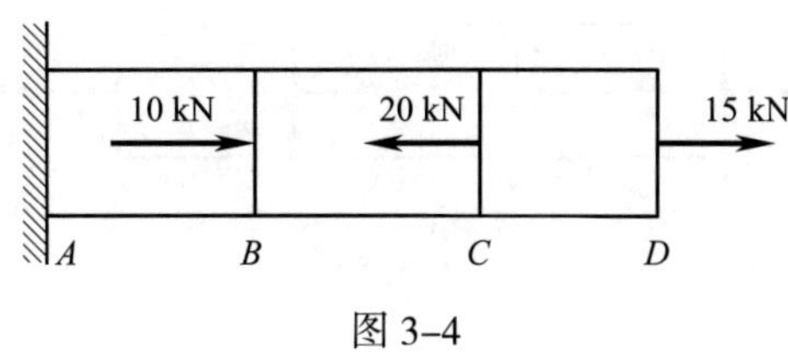

图 3–4

4．试求如图 3–5 所示杆件的轴力，并作出轴力图。

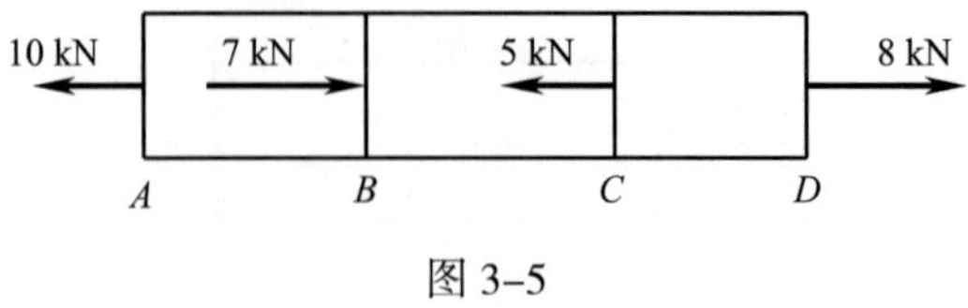

图 3–5

5．试作出图 3-6 中杆件的轴力图，并求各截面上的应力。已知 1—1、2—2、3—3 所在杆段的横截面面积分别为 A_1=400 mm^2、A_2=350 mm^2、A_3=300 mm^2。

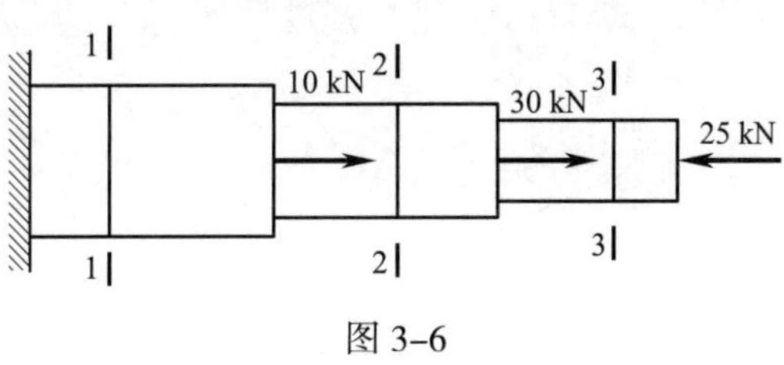

图 3-6

6．简易起重设备如图 3–7 所示，已知杆 AB 为圆截面钢杆，直径 d=20 mm，材料的许用应力［σ］=160 MPa，当通过滑轮匀速提升重量为 W=10 kN 的重物时，定滑轮的大小自重与摩擦力均不计，试对杆 AB 进行强度校核。

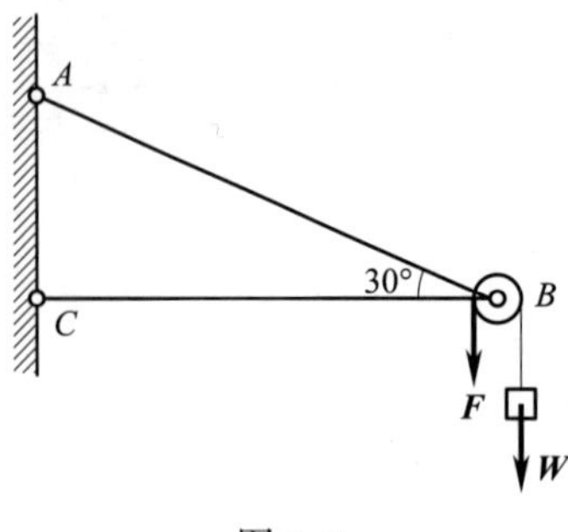

图 3–7

7．如图 3–8 所示的钢制变截面杆，各段截面面积分别为 A_1=A_3=300 mm^2，A_2=200 mm^2，钢的弹性模量 E=200 GPa，试求杆的总变形。

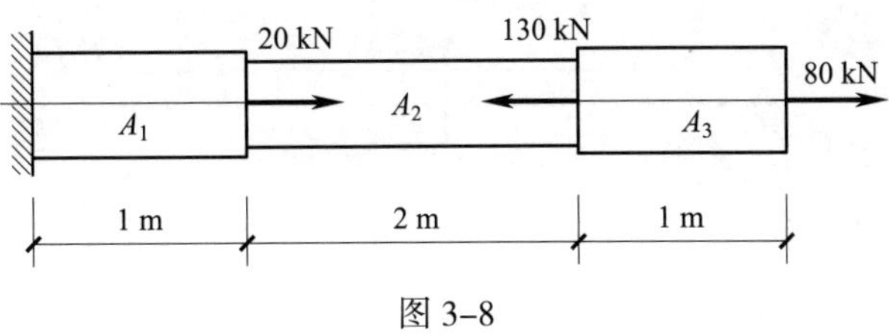

图 3–8

8．试求如图 3-9 所示各梁中指定截面 1—1、2—2、3—3 的剪力和弯矩。

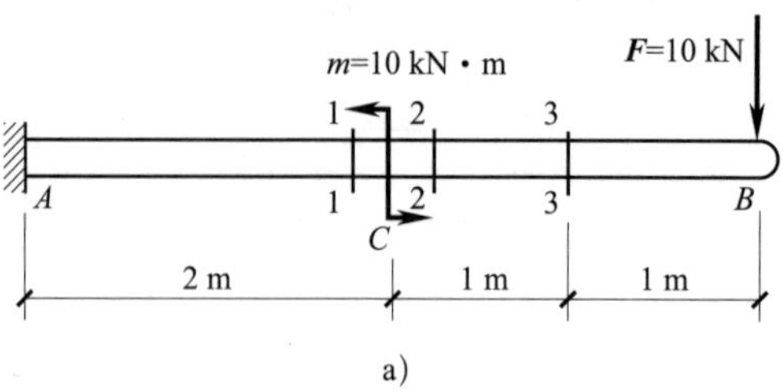

a)

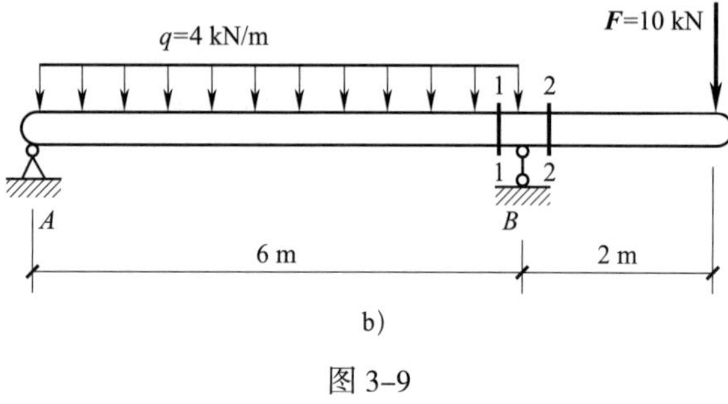

b)

图 3-9

9. 试作出如图 3–10 至图 3–13 所示梁的剪力和弯矩图。

（1）

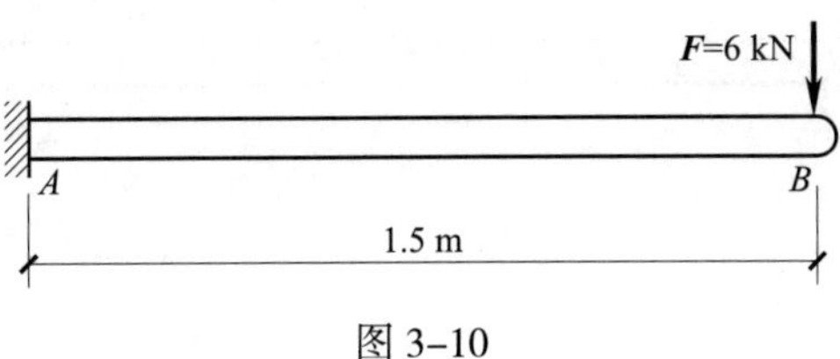

图 3–10

（2）

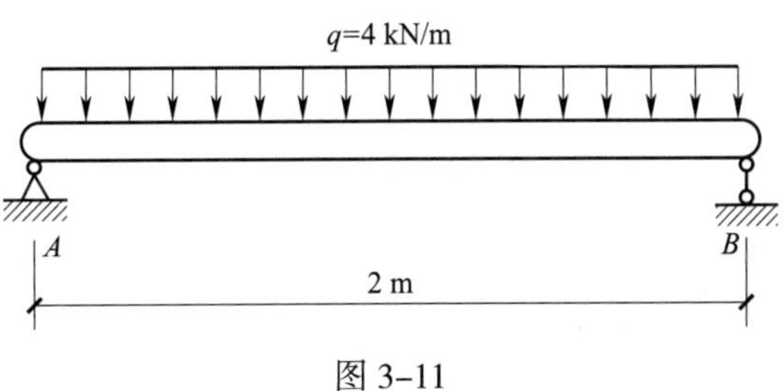

图 3–11

（3）

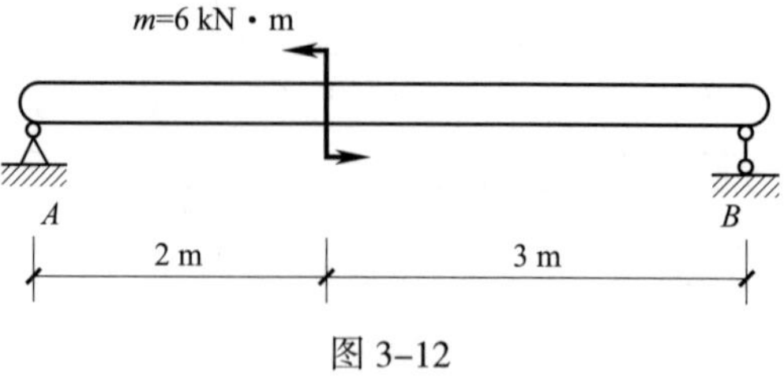

图 3-12

（4）

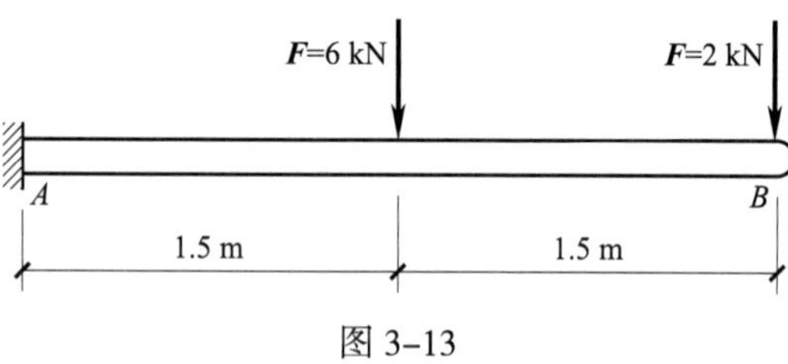

图 3-13

10．如图 3-14 所示简支梁受均布荷载作用，截面为圆形，直径 d=200 mm，材料的许用应力［σ］=10 MPa，试校核该梁的正应力强度。

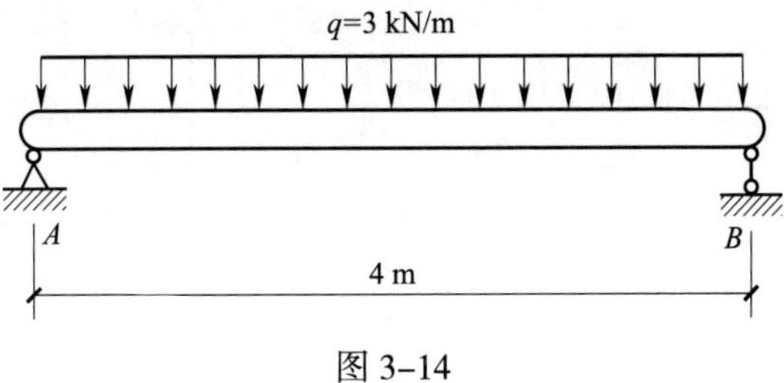

图 3-14

11．矩形截面悬臂梁如图 3–15 所示，已知 l=4 m，b/h=2/3，q=10 kN/m，$[\sigma]$ = 10 MPa，试确定梁横截面的尺寸。

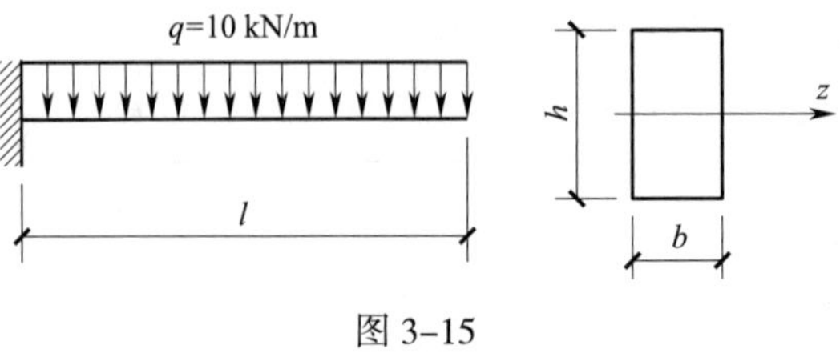

图 3–15

第四章 建筑结构

一、填空题

1. 各类建筑都离不开梁、____________、____________、____________等构件，它们相互连接形成建筑的骨架。

2. 若结构能满足各项功能要求，称结构____________或____________；若结构不能满足功能要求，则称结构____________或____________。

3. 结构的极限状态有________________极限状态和__________________极限状态。

4. 荷载代表值包括____________值、____________值、____________值和准永久值。

二、单项选择题

1. 纪念性建筑的设计使用年限应不少于（　　）年。

A．50　　B．25

C．100　　D．5

2. 下列选项中，属于超过正常使用极限状态的是（　　）。

A．裂缝宽度过宽，超过设计规定的限定值

B．地基丧失承载力而被破坏

C．构件疲劳破坏

D．柱在压力作用下被压碎破坏

3. 下列选项中，不属于结构可靠性的是（　　）。

A．安全性　　B．适用性

C．耐久性　　D．稳定性

三、简答题

1. 建筑结构按所用材料的不同可分为哪几类？各有什么优缺点？

2．作用在结构上的荷载有哪几种？试举例说明。

3．建筑结构的安全等级是如何划分的？

4．什么是荷载效应？什么是结构抗力？

钢筋混凝土结构

一、填空题

1. 建筑用钢筋按外形可分为______和______两类。

2. 混凝土等级为 C30，即________________为 30 N/mm^2。

3. 混凝土随着其中水分的蒸发将产生______变形，在长期荷载作用下将产生______变形。

4. 梁在弯矩的作用下，可能引起构件的______破坏；在弯矩和剪力的共同作用下，可能引起构件的______破坏。

5. 箍筋和弯起钢筋统称为________。

6. 受弯构件的斜截面破坏形态主要有斜压破坏、______和______。

7. 受压构件按其纵向力（相对构件）作用线与构件截面形心轴线之间相互位置的不同，可以分为______和______。

8. 轴心受拉构件，裂缝出现前拉力由______和______共同承担；裂缝出现后______退出工作，拉力由______承担。

9. 判别受拉构件大小偏心的条件是：拉力作用在 A_s 和 A'_s______时为小偏心受拉；拉力作用在 A_s 和 A'_s______时为大偏心受拉。

10. 根据结构传力途径的不同，现浇楼梯主要分为______和______两类。

11. 按照施工工艺的不同，施加预应力的方法分为______和______两种。

12. 预应力筋宜采用______、______和预应力螺纹钢筋。

二、单项选择题

1. 为减小混凝土徐变对结构的影响，以下措施正确的是（　　）。

A. 提早对结构施加荷载

B. 采用高等级水泥，增加水泥用量

C. 加大水灰比

D. 施工时提高混凝土的密实度

2. 在预应力混凝土结构中，预应力混凝土楼板结构的混凝土强度等级不应低于 C30，其他预应力混凝土结构受力构件的混凝土强度等级不应低于（　　）。

A. C20　　　　B. C25

C．C30　　　　　　　　　　D．C40

3．下列选项中，关于受弯构件的说法错误的是（　　）。

A．梁的截面尺寸应综合考虑承载力、刚度、抗裂度、环境要求等来加以确定，现浇矩形截面梁的高宽比 h/b 一般取 2.0 ~ 3.5

B．受弯构件的正截面破坏中，适筋破坏属于延性破坏，超筋破坏和少筋破坏都属于脆性破坏

C．受弯构件中纵向受力筋的主要作用是承受弯矩产生的拉力，数量由各项构造细则确定

D．板中钢筋一般包括受力筋和分布筋

4．混凝土梁保护层厚度是指从（　　）外边缘到混凝土构件表面的距离。

A．底部纵向受力钢筋　　　　　　B．箍筋

C．架立筋　　　　　　　　　　　D．弯起钢筋

5．钢筋混凝土梁发生斜截面破坏，若其他条件相同，斜截面承载力的大小关系为（　　）。

A．斜压破坏承载力 > 剪压破坏承载力 > 斜拉破坏承载力

B．剪压破坏承载力 > 斜压破坏承载力 > 斜拉破坏承载力

C．斜压破坏承载力 > 斜拉破坏承载力 > 剪压破坏承载力

D．斜拉破坏承载力 > 剪压破坏承载力 > 斜压破坏承载力

6．下列选项中，关于受压构件的说法错误的是（　　）。

A．对矩形受压柱，纵向钢筋不能少于 4 根，对圆形受压柱，纵向钢筋不能少于 6 根

B．受压构件纵筋配筋率不能超过 5%

C．受压构件纵筋采用 HRB400 级钢筋时，全部纵筋最小配筋率不能少于 0.55%

D．受压柱中，箍筋可以配置普通箍筋也可以配置螺旋箍筋，可以采用封闭式箍筋也可以采用开口式箍筋

7．下列选项中，轴心受压钢筋混凝土柱的纵向钢筋的布置方法正确的是（　　）。

A．沿柱两侧对边对称布置

B．沿柱四周均匀布置

C．只布置在柱长边一侧

D．只布置在柱短边一侧

8．与普通钢筋混凝土构件相比较，通过施加预应力后，构件（　　）。

A．承载力提高

B．抗裂性和刚度提高

C．承载力、抗裂性和刚度提高

D．承载力、耐久性、抗裂性和刚度提高

三、简答题

1．钢筋和混凝土为什么能共同工作？

2．在钢筋混凝土构件中，钢筋和混凝土之间的黏聚力由哪些构成？可采取哪些措施提高钢筋和混凝土之间的黏聚力？

3．简述钢筋混凝土适筋梁从加载到破坏三个阶段的特点和工程意义。

4．超筋梁和少筋梁分别有哪些破坏特征？在工程中如何防止发生超筋梁和少筋梁的破坏？

5．单筋矩形截面梁和双筋矩形截面梁有什么不同？通常在什么情况下采用双筋矩形截面梁？

6．轴心受压短柱、长柱的破坏特征分别是什么？

7．大、小偏心受压构件的破坏特征分别是什么？

8．简述钢筋混凝土偏心受拉构件的破坏形态。

9．在混凝土规范中，受力裂缝的控制分为几个等级？每个等级具体有什么要求？

10. 简述板式楼梯与梁式楼梯的组成和特点。

四、计算题

1. 某钢筋混凝土矩形截面梁，承受弯矩设计值 M=80 kN·m，$b \times h$=200 mm×450 mm，混凝土强度等级为 C30，纵向受拉钢筋采用 HRB400 级钢筋，箍筋采用直径为 10 mm 的 HPB300 级钢筋，试配置纵向受力钢筋。

2. 某钢筋混凝土矩形截面梁，截面尺寸 $b \times h$=200 mm×500 mm，混凝土强度等级为 C35，纵向受力钢筋为 3 根直径 20 mm 的 HRB400 级钢筋，箍筋采用直径为 10 mm 的 HPB300 级钢筋，梁上的弯矩设计值 M=130 kN·m，试校核该梁的设计。

3．某钢筋混凝土矩形截面梁，截面尺寸 $b \times h$=200 mm × 500 mm，混凝土强度等级为 C35，梁上承受的剪力 V=170 kN，箍筋采用 HPB300 级钢筋，若该梁只配置箍筋，试确定箍筋的直径和间距（已知 a_s=40 mm）。

4．某钢筋混凝土框架底层中柱，截面尺寸为 400 mm × 400 mm，计算长度 l_0=5.4 m，混凝土强度等级为 C30，钢筋为 HRB400 级，钢筋柱底截面轴向力设计值 N=2 300 kN，试确定该截面的配筋值。

5．某现浇钢筋混凝土柱，截面尺寸为 450 mm × 450 mm，计算长度 l_0=5.4 m，混凝土强度等级为 C35，配有 HRB400 级直径为 22 mm 的钢筋 4 根，试求该柱所能承受的最大轴向力设计值。

第六章 砌体结构

一、填空题

1. 砌体结构是指由__________和__________砌筑而成的墙、柱作为建筑物主要受力构件的结构。

2. 烧结普通砖的强度等级根据国家标准《砌体结构设计规范》(GB 50003—2011）可分为MU30、________、________、________、________五级。蒸压砖可分为两类，即__________________和__________________，其强度等级分为MU25、___________、_____________三级。混凝土砖的强度等级分为MU30、__________、__________、__________四级。

3. ______________砖的特点是孔多而孔尺寸小，可用于承重墙柱的砌筑，而______________砖的特点是孔大而数量少，一般用于围护墙体的砌筑。

4. 石材是指以天然石料经加工后形成的砌筑材料，按其加工后外形的规则程度可分为__________和__________。

5. 我国目前常用的混凝土小型空心砌块主规格尺寸为__________________。

6. 烧结普通砖砌体采用的普通砂浆强度等级为M15、M10、______________、_____________、__________。

7. ____________是指由混凝土砌块和砌块专用砂浆组砌（有时加有砌块灌孔混凝土）而成的砌体。砌块灌孔混凝土的强度等级不应低于____________，且不应低于________倍块体强度等级。

8. 石砌体的类型有______________、______________和______________。

9. 砌体的轴心受压破坏大致可分为________个阶段，砌体的抗压强度比砖的抗压强度__________。砌体结构中块体高度大则强度__________，块体长度大则强度__________。

10. 砂浆的性能是指除强度以外，砂浆应具有良好的________、__________以及较高的__________。水泥砂浆砌筑的砌体抗压强度______混合砂浆砌筑的砌体抗压强度。

11. 未设置圈梁的楼面板嵌入墙内的长度不应小于________，并沿墙长配置不少于2根直径为________的纵向钢筋。

12. 圈梁宜________地设在同一水平面上，并形成封闭状，当圈梁被门窗洞口截断时，应在__________增设相同截面的附加圈梁。附加圈梁与圈梁的搭接长度不应小

于其___________的 2 倍，且不得小于 1 m。

13．圈梁中纵向钢筋数量不应少于______根，直径不应小于__________；绑扎接头的搭接长度按受拉钢筋考虑，箍筋间距不应大于__________。

14．常用的过梁有____________和____________两大类，砖砌过梁按其构造不同又可分为____________和____________等形式。

15．预制钢筋混凝土板在混凝土圈梁上的支承长度不应小于__________，板端伸出的钢筋应与__________可靠连接，且同时浇筑；预制钢筋混凝土板在墙上的支承长度不应小于__________。

16．填充墙砌筑砂浆的强度等级不宜低于____________________；填充墙墙体厚度不应小于________________。填充墙与框架的连接，可根据设计要求采用脱开或不脱开的方法，有抗震设防要求时宜采用填充墙与框架____________的方法。

二、单项选择题

1．下列选项中，不属于配筋砌体构件的是（　　）。

A．网状配筋砌体构件

B．空心砖砌体构件

C．砖砌体与钢筋砼构造柱组合砖墙

D．配筋砌块砌体

2．地面以下或防潮层以下稍潮湿的砌体所用材料的最低强度是（　　）。

A．烧结普通砖为 MU15，水泥砂浆为 M5

B．混凝土普通砖为 MU15，水泥砂浆为 M5

C．混凝土砌块为 MU15，水泥砂浆为 M5

D．石材为 MU15，水泥砂浆为 M2.5

3．影响砌体结构房屋空间性能的主要因素是（　　）。

A．房屋结构所用块材和砂浆的强度等级

B．外纵墙的高厚比和门窗洞口的开设

C．圈梁和构造柱的设置

D．房屋屋盖、楼盖的类别和横墙的间距

4．对于无筋砖砌体，当墙体所用砂浆强度为 Ms10 时，该墙体允许的高厚比为（　　）。

A．24　　B．26　　C．28　　D．22

5．下列选项中，关于混合结构房屋的说法正确的是（　　）。

A．混合结构房屋两端山墙的距离越近，或布置越多的横墙，屋盖的水平刚度越小，则房屋的空间作用越小，空间性能越差

B．刚性方案和刚弹性方案房屋的横墙，当横墙中开有洞口时，洞口的水平截面面积不应超过横墙截面面积的 25%；横墙的厚度不宜小于 180 mm

C．对于砌体结构房屋，墙体间构造柱设置越多，对墙体约束越大，墙体的稳定性越高

D．当建筑功能上要求房间大小有较多变化时，不可以采用纵横墙同时承重的布置方案

6．下列选项中，关于圈梁的说法正确的是（　　）。

①圈梁可以提高房屋的整体性和空间刚度，可以有效防止地基不均匀沉降和振动荷载对房屋产生的不利影响

②住宅、办公楼等多层砌体结构民用房屋，且层数为 3 层、4 层时，应在底层和檐口标高处各设置一道圈梁

③住宅、办公楼等多层砌体结构民用房屋，当层数超过 4 层时，除应在底层和檐口标高处各设置一道圈梁外，还应在所有纵、横墙上隔层设置圈梁

④多层砌体工业房屋，应每层设置圈梁

A．①②　　B．①②③　　C．②③④　　D．①②③④

三、简答题

1．烧结多孔砖与烧结空心砖有什么不同？

2．砌体结构中砂浆的作用是什么？常用的砂浆有哪些？

3．影响砌体抗压强度的因素有哪些？

4．砌体的轴心受拉破坏形态有几种？各自的主要影响因素是什么？

5．如何计算轴向力偏心距？在受压承载力计算中对偏心距有什么要求？

6．什么是混合结构房屋？混合结构房屋的墙体布置方案有哪些？

7．房屋的静力计算方案有几种？如何选用？

8．验算墙、柱高厚比的目的是什么？影响墙、柱高厚比的因素有哪些？

钢结构

一、填空题

1. 在大跨度结构中采用钢结构是因为它具有__________和___________的特点。

2. 承重结构采用的钢材应具有_______、_______、_______、_______和硫、磷含量的合格保证，对于焊接结构还应具有_________的合格保证。焊接承重结构以及重要的非焊接承重结构采用的钢材还应具有_________的合格保证。当选用 Q235 钢时，其脱氧方法应选用________钢。

3. 钢结构的连接通常有_______、_______和_______三种方式。

4. 焊接 Q235 钢材时宜采用______型焊条，焊接 Q345 钢材时宜采用______型焊条，焊接 Q390 和 Q420 钢材时宜采用________型焊条。

5. 轴心受力构件在荷载作用下必须满足_______、_______和稳定性的要求。

6. 钢梁按制作方法可分为________和________两大类。钢梁的拼接分为________和________。

二、单项选择题

1. 与混凝土结构相比，钢结构更适合于建造高层和大跨度房屋，因为（　　）。

A. 钢结构自重大、承载力较高　　B. 钢结构自重小、承载力较高

C. 钢结构自重大、承载力较低　　D. 钢结构自重小、承载力较低

2. 符号∟125×80×10 表示（　　）。

A. 等肢角钢　　B. 钢板　　C. 不等肢角钢　　D. 槽钢

3. 在对接焊缝中使用引弧板的目的是（　　）。

A. 消除起落弧在焊口处的缺陷

B. 对被连接构件起到补强作用

C. 减小焊接残余变形

D. 防止熔化的焊剂滴落，保证焊接质量

4. 摩擦型高强度螺栓连接与承压型高强度螺栓连接的区别是（　　）。

A. 承压型高强度螺栓连接的承载力低于摩擦型高强度螺栓连接，且适用于承受动荷载作用的结构承压

B. 承压型高强度螺栓连接的承载力高于摩擦型高强度螺栓连接，且不适用于承受动荷载作用的结构

C．承压型高强度螺栓连接的承载力高于摩擦型高强度螺栓连接，且适用于承受动荷载作用的结构

D．承压型高强度螺栓的承载力低于摩擦型高强度螺栓，且不适用于承受动荷载作用的结构

5．下列选项中，关于轴心受力构件的说法正确的是（　　）。

①轴心受力构件的截面形式可分为型钢截面和组合截面

②轴心受力构件在荷载作用下必须满足强度、刚度和稳定性的要求

③轴心受拉构件的承载力应由截面强度决定

④轴心受压构件的承载力应由截面强度和构件稳定性的较低值决定

A．①　　B．①②　　C．①②③　　D．①②③④

6．对于实腹式轴压构件，限制板件的宽厚比是为了（　　）。

A．保证构件不发生整体失稳破坏

B．保证构件局部失稳不先于整体失稳

C．保证构件的承载力

D．保证构件不发生疲劳破坏

三、简答题

1．建筑钢材的力学性能指标有哪些？分别衡量钢材的什么性质？

2．钢结构的焊接方法有哪些？每种方法各有什么特点？

3．焊缝存在哪些缺陷？如何检验焊缝质量？

4．减小焊接应力和焊接变形的措施有哪些？

5．简述螺栓排列的方式及其要求。

第八章 多层与高层房屋结构

一、填空题

1. 框架结构是由________、__________和__________组成的承受竖向和水平作用的承重骨架。

2. 梁、柱节点构造是保证框架结构整体性的重要措施。现浇框架的梁、柱节点应做成______节点，节点区的混凝土等级，应不低于________________强度等级。

3. 现浇框架顶层中间节点的柱纵向钢筋采用直线方式锚固时，其锚固长度从梁底标高算起不应小于________，且必须伸至________；当节点处梁截面高度不足时，柱纵筋应伸至柱顶并向节点内水平弯折，当充分利用纵向钢筋的抗拉强度时，弯折前的竖直投影长度不应小于________，弯折后的水平投影长度不应小于________。

4. 现浇框架中间层中间节点，框架梁的上部纵筋应____________；框架梁的下部纵向钢筋伸入中间节点范围内的锚固长度应满足：当计算中不利用其强度时，其伸入节点的锚固长度不应小于__________；当计算中利用钢筋的抗拉强度时，锚固在节点内的长度为________。

5. 现浇框架中间层端节点，当采用直线锚固时，梁上部纵筋在端节点的锚固长度不应小于________，且应伸过柱中心线不宜小于________。

6. 剪力墙是既承受__________，又承受__________的钢筋混凝土实体墙，其中以承受________为主。

7. 根据墙面的开洞情况，剪力墙可分为________剪力墙、________剪力墙、________剪力墙和________框架四类。

8. 钢筋混凝土剪力墙的厚度不应过小，高层建筑应不小于________，多层建筑应不小于________。

9. 剪力墙两端和洞口两侧应按规定设置__________________。

10. 剪力墙水平和竖向分布钢筋的配筋率，一、二和三级抗震等级时都不应小于________，四级抗震等级时不应小于________，直径不应小于________，间距不宜大于________。

11. 筒体结构是由__________________________围合而成的封闭井筒式结构（或框筒）。

二、单项选择题

1. 10 层及 10 层以上的住宅和高度大于（　　）m 的其他建筑为高层建筑。

A. 21　　B. 24　　C. 23　　D. 22

2. 下列选项中，关于框架结构的说法不正确的是（　　）。

A. 柱相邻纵筋连接接头应相互错开，在同一截面内的钢筋接头面积百分率为：对于绑扎搭接和机械连接不应大于 50%，对于焊接连接不应大于 50%

B. 现浇框架的梁、柱节点应做成刚性节点，节点区的混凝土等级应不低于柱的混凝土强度等级

C. 框架结构中主要承重构件包括混凝土梁、柱和砖墙

D. 框架结构采用纵向主框架承重布置，可以使横向连系梁采用较小的截面尺寸，有效地利用楼层净高

3. 钢筋混凝土剪力墙中，混凝土等级不应低于（　　）。

A. C25　　B. C30

C. C35　　D. C40

4. 下列选项中，关于剪力墙结构的说法不正确的是（　　）。

A. 剪力墙中的洞口宜上下对齐布置，以形成明显的墙肢和连梁，不宜采用错洞墙

B. 剪力墙身应配置水平和竖向分布钢筋，使剪力墙有一定的延性，减少和防止温度裂缝的产生及当剪力墙产生裂缝时控制裂缝的持续发展

C. 在剪力墙结构中连梁全长配置箍筋，箍筋的直径不应小于 8 mm，间距不应大于 150 mm

D. 剪力墙墙面开洞较小时，除了要集中在洞口边缘补足切断的分布钢筋外，还要进一步补强以抵抗洞口的应力集中

5. 下列选项中，关于多层和高层建筑结构的说法不正确的是（　　）。

A. 框架柱纵向钢筋的接头可采用绑扎搭接、机械连接或焊接等方式，宜优先采用绑扎搭接或机械连接

B. 剪力墙的墙肢截面应简单、规则，墙体宜沿建筑物高度方向对齐贯通、上下不错层，以避免刚度的突变

C. 在框架－剪力墙结构中，剪力墙应沿平面的主轴方向布置，一般应遵循“均匀、对称、分散、周边”的布置原则

D. 根据所受水平力及房屋高度的不同，筒体体系可以布置成筒中筒结构、成束筒结构、框架－核心筒结构和多重筒结构形式

6. 在抗震设防地区，多层与高层建筑物各部分层数、质量、刚度差异过大或有错层时，可用（　　）分开。

A. 温度缝　　B. 沉降缝

C. 防震缝　　D. 施工缝

三、简答题

1．钢筋混凝土多层与高层建筑结构体系有哪几种？各种体系的适用范围分别是什么？

2．钢筋混凝土框架结构的布置有哪几种方案？

3．现浇框架的顶层端节点构造有哪几种？各适用于什么情况？

4．现浇框架的顶层柱中间节点纵筋构造有哪几种？请分别用图表示。

5．剪力墙的布置应满足哪些要求？

6．高层建筑结构平面布置和竖向布置应考虑哪些问题？

第九章 结构抗震知识

一、填空题

1. 地震按产生的原因不同，可分为__________、__________、人工诱发地震和__________等。

2.《建筑工程抗震设防分类标准》（GB 50223—2008）将建筑物按其重要程度不同分为______类。幼儿园、小学、中学的教学用房以及学生宿舍和食堂为__________类建筑；居住建筑为__________类建筑。

3. 钢筋混凝土框架梁抗震构造要求梁截面宽度不应小于______，截面高宽比不应大于______，净跨与截面高度之比不应小于______。

4. 钢筋混凝土框架梁抗震构造要求梁端截面的底面和顶面纵向钢筋的配筋比值，除按计算确定外，一级不应小于______，二、三级不应小于______；梁端计入受压钢筋的混凝土受压区高度和有效高度之比，一级不应大于________，二、三级不应大于________。

5. 剪力墙的截面尺寸应考虑抗震等级：一、二级时剪力墙厚度不小于净层高的______，三、四级时剪力墙厚度不小于净层高的______，同时考虑房屋高度：高层建筑剪力墙厚度不小于________，多层建筑剪力墙厚度不小于________。

6. 剪力墙在______________设置边缘构件；边缘构件分为______边缘构件和________边缘构件两类。

7. 多层砖砌体房屋抗震构造要求构造柱与墙体连接处砌成________，并且应沿墙高每隔________设置 2ϕ6 水平钢筋和 ϕ4 点焊拉结网片或 ϕ4 点焊钢筋网片，每边伸入墙内不宜小于________。

8. 多层砖砌体房屋抗震构造要求设置圈梁，圈梁应____________，遇有洞口应____________。圈梁宜与预制板设在同一标高处或紧靠板底，圈梁的截面高度不应小于________。

二、单项选择题

1.《建筑与市政工程抗震通用规范》（GB 55002—2021）规定，抗震设防烈度为（　　）及以上地区的各类新建、扩建和改建建筑，必须进行抗震设防。

A. 5 度　　B. 6 度

C. 7 度　　D. 8 度

2. 按《建筑抗震设计规范》（GB 50011—2010）基本抗震设防目标设计的建筑，当遭受本地区设防烈度的中等地震影响时，建筑物应处于（　　）状态。

A. 不受损坏

B. 一般不受损坏或不需修理仍可继续使用

C. 可能损坏，经一般修理或不需修理仍可继续使用

D. 严重损坏，需大修后方可继续使用

3. 在进行建筑抗震设计时，应根据建筑物的重要性不同，采取不同的抗震设防标准。下列选项中，分类正确的是（　　）。

A. 丁类建筑属于重大建筑工程和地震时可能发生严重次生灾害的建筑

B. 乙类建筑属于地震时造成社会重大影响和国民经济重大损失的建筑

C. 丙类建筑属于除甲、乙、丁以外按标准要求进行设防的一般建筑

D. 甲类建筑属于允许在一定条件下适度降低要求的建筑

4. 某丙类建筑采用框架结构，抗震设防烈度为 7 度，房屋高度为 21 m，此建筑的抗震等级为（　　）级。

A. 一　　B. 二　　C. 三　　D. 四

5. 混凝土结构框架角柱，抗震等级为三级，柱中纵筋为 $8\phi22$，则柱纵筋总配筋率最小为（　　）%。

A. 0.6　　B. 0.7　　C. 0.8　　D. 0.85

6. 下列选项中，关于砌体结构抗震构造措施的说法不正确的是（　　）。

A. 装配式楼梯段应与平台板的梁可靠连接，8、9 度时不应采用装配式楼梯段

B. 芯柱的截面不应小于 120 mm × 120 mm，混凝土强度等级不应低于 Cb20

C. 楼梯间及门厅内墙阳角处的大梁支承长度不应小于 500 mm，并应与圈梁连接

D. 当多层房屋的地基为软弱黏性土、液化土、新近填土或严重不均匀，且基础圈梁作为减少地基不均匀沉降的措施时，基础圈梁的高度不应小于 120 mm，配筋不小于 $4\phi12$

三、简答题

1. 什么是地震烈度、抗震设防烈度？

2. 什么是抗震等级？钢筋混凝土房屋抗震等级分为哪几级？是根据什么确定的抗震等级？

3．根据《建筑工程抗震设防分类标准》（GB 50223—2008）规定，各类建筑的抗震措施应分别符合什么要求？

4．在抗震构造中，对框架梁和框架柱的尺寸分别有哪些限制？

5．钢筋混凝土框架柱抗震构造要求柱箍筋应在哪些范围内加密？

6．简述砌体结构房屋设置构造柱和圈梁的原因。